BEI GRIN MACHT SICH IHR WISSEN BEZAHLT

- Wir veröffentlichen Ihre Hausarbeit,
  Bachelor- und Masterarbeit

- Ihr eigenes eBook und Buch -
  weltweit in allen wichtigen Shops

- Verdienen Sie an jedem Verkauf

Jetzt bei www.GRIN.com hochladen und kostenlos publizieren

Impressum:

Copyright © 2018 GRIN Verlag
Druck und Bindung: Books on Demand GmbH, Norderstedt Germany
ISBN: 9783668919891

Dieses Buch bei GRIN:

https://www.grin.com/document/462650

Michael Salein

Herstellen einer Hartlötverbindung (Unterweisung Mechatroniker/in)

GRIN Verlag

Unterweisungsentwurf

Prüfungsteilnehmer: Michael Salein

Herstellen einer Hartlötverbindung

Inhaltsverzeichnis

1. Thema der Unterweisung
2. Einordnung in den Ausbildungsrahmenplan
3. Der Auszubildende
4. Sozialform
5. Lernort
6. Unterweisungsdauer
7. Angabe der benötigten Werkzeuge und Materialien
8. Lernziele
9. Handlungskompetenz
10. Arbeitssicherheit
11. Methodenwahl
12. Motivation
13. Arbeitsdurchführung unter Nutzung einer Arbeitszergliederung
14. Erfolgskontrolle

1.Thema der Unterweisung

Ich habe mir das Thema Herstellen einer Hartlötverbinden ausgesucht, da dies ein grundlegender Bestandteil der Tätigkeiten, eines Mechatronikers für Kältetechnik ist.

2.Einordnung in den Ausbildungsrahmenplan

Abschnitt A: Berufsprofilgebende Fertigkeiten, Kenntnisse und Fähigkeiten				
Lfd. Nr.	Teil des Ausbildungsberufsbildes	Fertigkeiten, Kenntnisse und Fähigkeiten, die unter Einbeziehung selbstständigen Planens, Durchführens und Kontrollierens zu vermitteln sind	Zeitliche Richtwerte in Wochen im Ausbildungsmonat	
			1-18.	19-42
1	2	3	4	
	Fügen von Bauteilen und Baugruppen (§ 3 Abs. 2 Abschnitt A Nr. 1	Fügeflächen prüfen, lösbare und unlösbare Fügeverfahren für drucklose, druckfeste und elektrotechnische Verbindungen auswählen und anwenden, insbesondere A) Schraubverbindungen herstellen, Drehmomente beachten und Verbindungen sichern b) Lötstellen vorbereiten, Lote und Flussmittel auswählen und insbesondere Hartlötverbindungen herstellen c)Klebe-. Press- und Steckverbindungen unter Beachtung der Verarbeitungsrichtlinien herstellen	14	

Bei uns im Betrieb wird es so geregelt, dass wir den Auszubildenden das Hartlöten ab der 8 Ausbildungswoche beibringen.

3.Der Auszubildende

Der Auszubildende Herr S. ist 19 Jahre alt, er absolviert das erste Halbjahr, des ersten Ausbildungsjahres zum Mechatroniker für Kältetechnik. Vor Beginn seiner Ausbildung besuchte Herr S. die Realschule und machte anschließend sein Abitur. Während seines Abiturs machte er ein 6-Wöchiges Praktikum bei uns im Betrieb und hat schon einige Einblicke in den Ausbildungsberuf als Mechatroniker für Kältetechnik bekommen. Er hat ein sehr gutes Allgemeinwissen und stammt aus geordneten Familienverhältnissen, seine Eltern betreiben bei mir in der Nachbarschaft einen landwirtschaftlichen Betrieb. Herr S. hat eine gute Auffassungsgabe und ist stets interessiert, bei den Kollegen ist er gern gesehen und bringt sich gut ins Team ein.

4. Sozialform

Ich werde die Unterweisung als Einzelunterweisung durchführen, in dieser Form kann ich mich gezielt um den Auszubildenden kümmern. Ich persönlich sehe mich auch als „Lernbegleiter", und nicht nur als Unterweiser. Denn so kann ich seinen Lernprozess besser begleiten. Damit fördere ich auch die Selbstständigkeit von S.

5. Lernort

Die Unterweisung findet bei uns in der Firma statt. Als Unterweisungsraum nehme ich das Labor, in dem Labor ist eine große Werkbank und es befinden sich dort alle notwendigen Werkzeuge und Materialen. Das Werkstück ist in jeder Position frei einsehbar und die Gefahr eines Brandes ist minimiert, da sich das Rohr nicht in einem Schacht o.ä. befindet. Es ist ein gewohntes Arbeitsumfeld für Herrn S.. Ein weiterer Vorteil ist das wir beide alleine in dem Labor sind, sodass uns niemand stören kann und ich die Unterweisung in Ruhe durchführen kann.

6. Unterweisungsdauer

Die Unterweisungsdauer ist mit 30 Minuten angesetzt, den Unterweisungszeitpunkt lege ich in die Vormittagsstunden, da man in dieser

Zeit am aufnahmefähigsten ist. Dies ist wichtig damit S. aufmerksam an der Unterweisung teilnimmt, da wir mit sehr hohen Temperaturen arbeiten.

7. Angabe der benötigten Werkzeuge und Materialien

Für die Unterweisung benötigt man folgende Werkzeuge und Materialien:

1. 2x 12 CU Rohr 150mm lang
2. einen 12 Kupferlötbogen
3. Reinigungsflies
4. Hartlot, DIN EN 1044-CP203 L-CuP6
5. 5L Eimer gefüllt mit Wasser
6. Papierlappen ca. 30x30 cm
7. Flammschutzmatte ca. 30x30
8. Sauerstoff und Acetylen Brenner
9. Anzünder
10. Entgrater
11. Schraubstock

8. Lernziele

Richtlernziel:

Fügen von Bauteilen und Baugruppen.

§3 Abs. 2 Abschnitt A Nr. 1

Groblernziel:

Lötstellen vorbereiten, Lote und Flussmittel auswählen und insbesondere Hartlötverbindungen herstellen.

Nr. 1 b (Ausbildungsrahmenplan für Berufsausbildung zum Mechatroniker für Kältetechnik)

Feinlernziel:

Der Lehrling kann selbstständig, unter Beachtung der Unfallverhütungsvorschriften (UVV), zwei Kupferrohre 12x1mm x15cm Länge, mittels eines 12mm Kupferbogen 90°, durch den Einsatz einer entsprechenden Menge Hartlot, unter Zuhilfenahme von Acetylen/Sauerstoffbrenner , Anzünder, Reinigungsfließ, Wasser, Lappen und Schraubstock, fachgerecht verbinden und sein Vorgehen anschließend erläutern.

Kognitiver Bereich:

Der Lehrling

- kann die erforderlichen Arbeitsschritte, in der richtigen Reihenfolge, mit eigenen Worten wiedergeben und begründen.
- kann die Auswahl der verwendeten Werkzeuge und Hilfsstoffe erläutern.

Psychomotorischer Bereich:

Der Lehrling

- kann selbständig seinen Arbeitsplatz nach ergonomischen Gesichtspunkten einrichten.
- kann alle zur Vorbereitung von Hartlötverbindungen notwendigen Arbeiten selbstständig durchführen.
- kann selbstständig alle notwendigen Arbeitsschritte zur fachgerechten Herstellung einer Hartlötverbindung ausführen.

Affektiver Bereich:

- ergonomische Aspekte bei der Einrichtung des Arbeitsplatzes zu berücksichtigen.
- die Beachtung der entsprechenden Unfall Verhütungsvorschriften (UVV).
- die Erlangung der Erkenntnis, dass nur durch sorgfältige Vorbereitung und sauberes durchführen der Hauptarbeiten, eine fachgerechte Lötverbindung zustande kommen kann

9.Handlungskompetenz

Die Erlangung der beruflichen Handlungskompetenz ist Ziel der Ausbildung und dieser Unterweisung. Dazu gehören folgende Kompetenzbereiche:

Fachkompetenz:

Die Fachkompetenz steht bei diesem Unterweisungsentwurf sicherlich im Vordergrund. Für einen Auszubildenden zum Mechatroniker für Kältetechnik ist das Herstellen einer Hartlötverbindung ein Bestandteil des Grundwissens, da der Auszubildende sein handwerkliches und psychomotorisches Geschick vertiefen und verfeinern kann. Beim Löten kommt es auf das passende Timing und ein gute Handkoordination an, da man die Temperaturen im Werkstück (Kupferrohr) abschätzen muss und gleichzeitig mit beiden Händen arbeitet.

Selbstkompetenz:

Bei dieser Unterweisung soll der Auszubildende lernen selbstständig und sorgfältig die gestellte Aufgabe zu erfüllen. Ebenso wird sein Selbstvertrauen gestärkt, wenn er eigenständig mit dem Brenner arbeiten darf. Der Auszubildende lernt verantwortungsbewusst zu arbeiten, da er einen Brenner mit einer Flamme von ca. 2500°c in der Hand hält.

Sozialkompetenz:

Die Sozialkompetenz wird vor allem im Bereich des Verantwortungsbewusstseins und der sozialen Verantwortung geschult. Der Auszubildende lernt rücksichtsvoll mit dem Brenner umzugehen und nicht wild damit rumhantieren, da sich ggf. Arbeitskollegen oder auch brennbare Gegenstände um ihn herum sein können.

Methodenkompetenz:

Der Auszubildende muss lernen, welche Möglichkeiten zur Lösung neuer Aufgaben anzuwenden sind. Er muss lernen gelerntes auf ungelerntes zu übertragen, und lösungsorientiert an eine Problemstellung heran gehen.

<u>10. Arbeitssicherheit</u>

Bei dieser Unterweisung ist die Arbeitssicherheit von großer Wichtigkeit. S. hantiert schließlich mit einer offenen Flamme von ca. 2500°c, mit dieser kann er sich und andere schädigen. Vor Beginn der Unterweisung weise ich S. auf folgende Punkte hin.

1. Arbeitskleidung, Latzhose schwerentflammbar, Arbeitsjacke schwerentflammbar.

2. Tragen von Handschuhen
3. Tragen einer Schutzbrille
4. Tragen von Sicherheitsschuhen
5. Die Räumlichkeiten müssen gut belüftet sein
6. Brenner wird nur mit dem Anzünder gezündet, und auf gar keinen Fall mit dem Feuerzeug, sollte S. eins in der Tasche haben muss er dies vorher in seinen Spint legen. Beim Löten darf man kein Feuerzeug in der Tasche haben.
7. Arbeitsplatz muss aufgeräumt sein, keine brennbaren Gegenstände in der Nähe liegen lassen.
8. Es ist darauf zu achten, dass die Manometer für die Acetylen und Sauerstoffflaschen mit einer Rückschlagsicherung versehen sind.
9. Es ist darauf zu achten das die Acetylenflasche nicht auf dem Boden liegt, da sonst das Aceton aus der Flasche in die Schläuche dringen kann.
10. In der Nähe vom Arbeitsplatz sollte ein Feuerlöscher bereitstehen.
11. Mit der angezündeten Flamme wird nicht durch die Gegend gelaufen, da er sonst sich oder andere gefährden kann.
12. Wichtig ist noch, wenn man den Brenner anzünden will immer erst Sauerstoff aufdrehen und nicht Acetylen, Grund dafür ist die Verpuffungsgefahr.

11. Methodenwahl

Bei der Methodenplanung muss festgestellt werden, wie das vorgegebene Lernziel am besten zu vermitteln ist. Hierbei sind die Rahmenbedingungen, der Wissenstand des Auszubildenden, seine Lernfähigkeit sowie die Schwierigkeit des Lerngegenstandes zu berücksichtigen. Ich habe mich für die Vierstufen-Methode entschieden, da sich praktische Lernziele hiermit besonders eindrücklich und anschaulich vermitteln lassen. Sie bietet eine klare Gliederung in Vorbereitung, Vormachen, Nachmachen im Beisein des Ausbilders und Üben. Sie ermöglicht somit eine sofortige Korrektur möglicher Fehler und durch wiederholtes Üben eine Verinnerlichung der Arbeitsabläufe.

Stufe 1: Vorbereitungsphase

Zunächst werde ich alle benötigten Werkzeuge und Materialien bei uns im Labor bereitlegen. Sobald dies geschehen ist, hole ich mir S. dazu. Nach der Begrüßung und einem kurzen Auflockerungsgespräch, werde ich S. das Lernziel dieser Unterweisung mitteilen. S. hat bereits Vorkenntnisse das sind unter anderem das Schneiden und Entgraten von Kupferrohr.

Stufe 2: Vormachen und erklären

Ich werde zunächst alles theoretisch mit S. besprechen.

In diesem Gespräch werde ich S. explizit den Umgang und die Gefahren mit einem Brenner erklären. Da wir ja beide heile nach Hause kommen möchten. Nach dem ich S. alles erklärt habe, fange ich an alle Arbeitsschritte langsam vorzumachen. Ich achte darauf, dass S. links neben mir steht sodass er alles sehen kann aber trotzdem noch weit genug von der Brennerflamme entfernt ist. Zeitgleich erkläre ich warum ich den Brenner jetzt so halte und nicht anders. Während dieser Erklärungen möchte ich S. die Angst vor dem Brenner nehmen. Man sollte Respekt aber keine Angst haben. Nach dem ich den 12 CU Bogen angelötet habe erläutere ich ihm noch mal den gesamten Ablauf.

Stufe 3: Nachmachen und erklären lassen

S. soll mir nun eigenständig den Ablauf dieser Unterweisung erklären und erläutern welche Gefahren es gibt. Nach dem er dies erledigt hat kann S. nun eigenständig und unter meiner permanenten Beobachtung mit der Abarbeitung der gestellten Aufgabe beginnen.

Stufe 4: Übung und Kontrolle

Ich erkläre S., dass sich das gerade erlernte nur durch häufiges wiederholen festigen kann. S. soll sich die Lötverbindung nun genau anschauen, ob er irgendwo ein Loch sieht in das kein Lot gelaufen ist. Nun frage ich S. ob ihm mit dem Umgang mit dem Brenner irgendwas aufgefallen ist was ich nicht so gemacht habe. Wenn ja dann erkläre ich ihm warum ich das so gemacht habe und nicht anders. Nachdem wir dies durchgesprochen haben. Wird S. erneut einen Bogen anlöten, den Vorgang beobachte ich erneut komplett. Nach dem Löten bin ich mir sicher das S. sich und seiner Umwelt nicht schadet. Ich werde ihn nun erneut ein Bogen anlöten lassen. Diesmal werde ich nicht neben ihm stehen. Dadurch wird sein Selbstvertrauen gestärkt. Nach Beendigung der Lötung und meiner Kontrolle der Lötung und der Arbeitsweise, werde ich ihn noch 5 weitere Bögen Löten lassen.

<u>## 12. Motivation</u>

Das Thema Motivation ist für mich persönlich äußerst wichtig. Ich habe die Unterweisung so gestaltet, dass ich S. nicht unter- aber auch nicht überfordere. Somit ist ein erfolgreiches Lösen meiner gestellten Aufgabe wahrscheinlich. Zudem erlangt S. mehr Selbstvertrauen und ein gesteigertes Selbstwertgefühl nach erfolgreicher Erledigung der Aufgabe. S. hat sich vor der Unterweisung schon für das Löten interessiert, daher ist es ihm leichter gefallen die Arbeitsaufgabe abzuarbeiten. Es motiviert S. diese Aufgabe erfolgreich durch zuführen da dies ein Wichtiger teil für seinen Abschluss und Zwischenprüfung ist. S. freut sich schon darauf selbstständige Lötarbeiten durchzuführen.

<u>## 13. Arbeitsdurchführung</u>

	Arbeitsschritte (Was)	Ausführungshinweis (Wie)	Begründung (Warum)	Bemerkung Hinweis
<u>1</u>	Kontrolle ob die Manometer mit einer Rückschlagsicherung versehen sind	Es wird geschaut ob an den Schlauchanschlüssen des Manometers die Ruckschlagsicherung verbaut ist	Eine Rückschlagsicherung hat die Aufgabe, einen Flammenrückschlag in die Flasche zu verhindern. Die Rückschlagsicherung ist direkt hinter dem Druckminderer angeordnet. Sie ist so konstruiert, dass das Gas nur in einer Richtung (Pfeilrichtung) strömen kann.	Bei Acetylen Manometern ist eine Jährliche Prüfung Pflicht
<u>2</u>	Rohr von innen entgraten	Rohr und Entgrater in die Hand nehmen entgrater innen am Rohrende ansetzen und mit einer kreisenden Handbewegung den Grat aus dem Rohr entfernen	Unzureichende Entgratungen können Verwirbelungen im Rohrinneren entstehen lassen, zu Druckverlusten führen und Fließgeräusche	Es ist darauf zu achten das sich keine Späne mehr im Rohr befinden.

			erzeugen	
<u>3</u> Beide Rohrenden reinigen		Man nimmt das Reinigungsflies und säubert die Rohrenden. Danach muss der Lötbogen auch von innen gereinigt werden	Damit alle Verunreinigungen und Korrosionen vom Rohr entfernt werden.	Der evtl. anfallende Abrieb ist zu entfernen.
<u>4</u> Rohr in Schraubstock einspannen und Lötbogen aufstecken		Schraubstock auseinander drehen Rohr in den Schraubstock halten und dann den Schraubstock zusammendrehen solange bis das Rohr fixiert ist	Das Rohr wird deswegen eingespannt damit man rundherum Löten kann.	Das Rohr darf nicht mit dem Schraubstock deformiert werden
<u>5</u> Stickstoffschlauch anschließen		An den von mir angelöteten Übergang wird nun ein Schlauch angeschlossen der mit einer Stickstoffflasche verbunden ist	Leitungen für Kältemittel, müssen hartgelötet und frei von Zunder (<u>Kupferoxid</u>) sein. Die Zunderbildung im Inneren des Rohres kann mit <u>Stickstoff</u> verhindert werden.	Dieses verfahren ist bei jeder Lötung notwendig.
<u>6</u> Stickstoffflasche aufdrehen		Der Druckminderer wird komplett zurückgedreht, dann wird die Stickstoffflasche geöffnet, Druckminderer langsam eindrehen, bis Stickstoff durch das Rohrfliest	Leitungen für Kältemittel, müssen hartgelötet und frei von Zunder (<u>Kupferoxid</u>) sein. Die Zunderbildung im Inneren des Rohres kann mit <u>Stickstoff</u> verhindert werden.	Man muss darauf achten das die Stickstoffflasche sicher im Flachen wagen steht
<u>7</u> Flammenhemdende Matte auf die Werkbank legen		Man nimmt die Flammenhemdendematte und legt sie unter das zu Lötende Rohr	Dies wird gemacht damit die Werkbank kein Feuer fängt oder Schaden nimmt	Man muss darauf achten das die Matte alles abdeckt und keine offenen Stellen zusehen sind

<u>8</u>	Eimer mit Wasser und einen Feuerlöscher bereitstellen		Das Wasser dient dazu um das Kupferrohr nach dem Löten abzukühlen, der Feuerlöscher ist dafür da falls irgendetwas Brennen sollte	Bei Auswahl des Feuerlöschers ist darauf zu achten ob dieser noch Gültig ist, dies sieht man an den Aufklebern
<u>9</u>	Zündung des Brenners	1. Flaschen öffnen 2. Anzünder und Brenner in die Hand nehmen 3. Sauerstoffventil am Handstück leicht öffnen 4. Acetylenventil leicht öffnen 5. Anzünder vor die Düse halten und Funken erzeugen	Dies ist nötig damit der Brenner zündet	Immer erst das Sauerstoffventil öffnen und nicht das Acetylenventil, da es sonst zu einer Verpuffung kommen könnte
<u>1</u> <u>0</u>	Flammenkegel passend einstellen	Durch Zugabe oder Wegnahme von Sauerstoff oder Acetylen	Weil man nur mit einer Sauber eingestellten Flamme gut Löten kann	Es wird bei leichtem Acetylenüberschuss gelötet
<u>1</u> <u>1</u>	Kupferrohr und Bogen gleichmassig erwärmen	Mit der Flamme wird das Kupferrohr/Bogen rund herum gleich mäßig erwärmt.	Dies ist nötig damit das Rohr und der Bogen die gleiche Temperatur haben und das Lot im Nachgang gleichmäßig verlaufen kann	Beim erwärmen darauf achten, dass das Kupferrohr nicht zu heiß wird oder gar Löcher entstehen
<u>1</u> <u>2</u>	Lot Zugabe	Nach Erreichen der Schmelztemperatur bei unserem verwendeten Lot ist dieser 710°c wird das Lot der Lötstelle zugeführt	Damit das Lot mit dem Kupferrohr und dem Bogen eine unlösbare Verbindung eingehen kann	Es muss darauf geachtet werden das nicht zu viel Lot der Lötstelle beigefügt wird da dies unter Umständen auf den Boden tropfen kann

1 3	Rohr aus dem Schraubstock entnehmen und im Wasser abkühlen	Zuerst muss der Stickstoffschlauch entfernt werden, nun kann man mit einer Zange das Rohr greifen und es aus dem Schraubstock lösen, das Rohr wird nun vorsichtig in das Wasser gehalten	Ich muss das Rohr mit der Zange greifen, da dies noch sehr heiß ist, das Rohr muss langsam ins Wasser gegeben werden.	Sollte das Rohr runterfallen nicht nach greifen, da dies sehr heiß ist.
1 4	Lötstelle Reinigen	Die Fertige Lötnaht wird nun mit einem Reinigungsflies gesäubert	Dadurch kann man Besser sehen ob das Lot überall hin geflossen ist	Lötstelle sieht nach der Reinigung besser aus.

14. Erfolgskontrolle

Während der gesamten Ausbildung sollten in regelmäßigen Abständen Ausbildungserfolgskontrollen durchgeführt werden. Mit diesen Kontrollen lässt sich der Lernstand des jeweiligen Auszubildenden feststellen und der Lern- und Lehrprozess kann so besser von mir gesteuert werden und bei Bedarf individuell auf den Auszubildenden angepasst werden. Auch im Anschluss an die Unterweisung ist eine Erfolgskontrolle vorgesehen. Durch fragen von mir, kann ich das gerade erlernte überprüfen.